下潜！下潜！
到海洋最深处

U0220839

# 接近朦胧的微光带

主　编　崔维成　　副主编　周昭英
故　事　李　华　　绘画　孙　燕　赵浩辰

上海科技教育出版社

这几天阳光灼热，我们的潜水训练安排到黄昏时分。
原本在水池边嬉戏玩耍的我们被刚刚进来的安娜所吸引，
她的蓝色潜水服发出幽幽的荧光，显得神秘而迷人。

**巴瑶族**

　　巴瑶族是东南亚的一个民族，生活在菲律宾、马来西亚和印度尼西亚之间的海域。多数族人靠潜海捕鱼为生，常被称为"海上吉卜赛人"。巴瑶族被认为是最后一支海洋游牧民族。

　　这时门口出现了一个胖墩墩的小男孩，手里握着一支长柄的钢叉。他慢吞吞地走到安娜身后，微卷的棕色头发下，一张圆圆的脸上泛着羞涩的红晕。

　　小巴瑶是海洋科考队员们遇到的巴瑶族人。由于受到台风侵袭，他与部落的亲人失散了。科考队带他回来，帮助他寻找亲人。

好漂亮!

哇!我要粉色!

都过来,每人一件荧光潜水服,准备出发!我在潜水器里等你们!

荧光潜水服?

　　我们都围着神秘的潜水达人小巴瑶,好奇地问东问西。

　　安娜转身拎了一个手提包过来,喊我们过去领潜水服。安娜穿的这一款潜水服不仅可以储备外来光能,如太阳光和灯光的能量,还可以将人体的热能转化为光能发光。此时,闪着紫色和粉色荧光的潜水服已经在可可、乐乐手里了,她俩飞一样地消失在换衣间门后。

身着五颜六色的潜水服的我们就像一根根彩色的荧光棒，给潜水器增加了几分神秘感。我猜想今天的旅程一定非同寻常！

安娜把食指放在嘴边，比画出"嘘"的手势，我们立刻停止了叽叽喳喳的讨论。

去哪里？

去哪里？

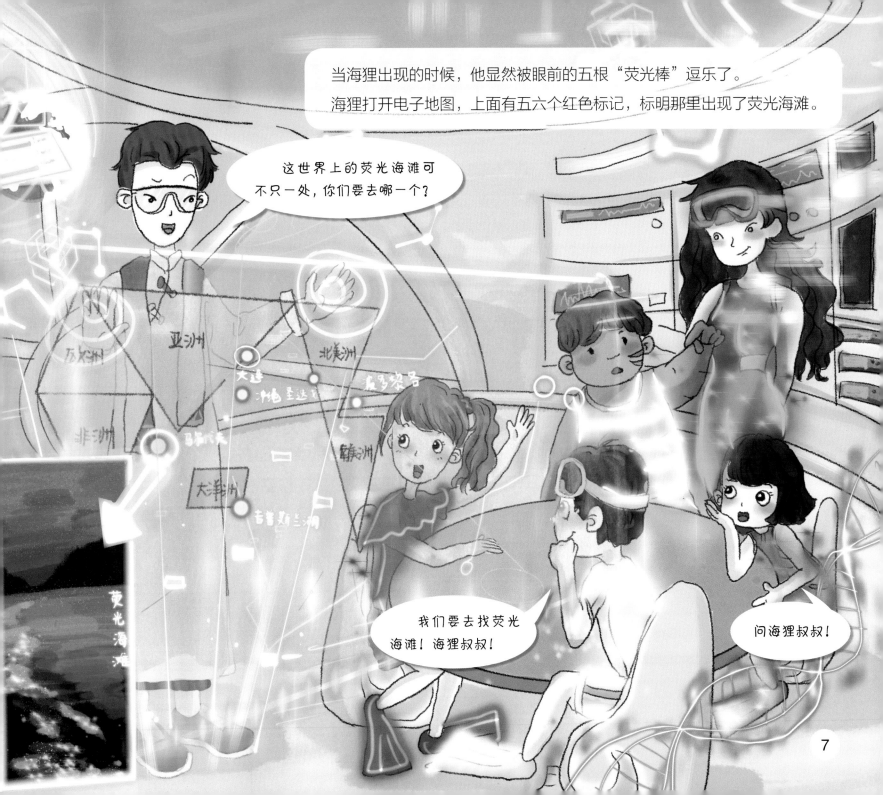

这是"海雪"，它由生物碎屑、粪便团粒或其他有机物组成，含有大量的碳、氮、磷等元素，是深海生物的可口食物。

下雪啦！

雪花里还有好多可爱的海洋生物！

皇冠水母

紫水母

朝天水母

灯塔水母

正当我们被黑暗笼罩而感到有些不安时，安娜打开了飞碟的探照灯，明亮的光柱穿透黑暗的海水，奇妙的"雪"景梦幻般地出现在窗前！

无数飞舞飘扬的"雪花"中，夹杂着一些形态怪异的海蜇，有葵花状的，有皇冠状的……它们在"雪花"中摇晃而过。有时游来成群的鱼儿，对着"雪花"追逐嬉戏一阵，然后消失在"大雪"之中。

安娜关闭了探照灯，海洋又恢复一片黑暗。

乐乐将潜水衣的能源由外光源转换为自热能，原本已经变暗的潜水服又释放出美丽的荧光来！我们争先恐后地让自己的潜水衣的荧光焕发出来，顿时飞碟里充满了奇幻的五彩荧光！

这时，安娜的一句话问得大家面面相觑。荧光引来海怪的说法不知是真是假，保险起见，我们都赶快熄灭了荧光。

哇！海洋馆里看到的五颜六色的水母是彩灯照出来的，而这里的都是能自己发光的水母！

黑伞水母

看！会发光的水母！

浮蚕属

不知不觉中，飞速前行的潜水飞碟带我们进入了一个奇妙的微光世界。

我们抬头望去，在无边的黑暗中点缀着幽幽的亮光，淡绿色、蓝色、红色和青色……形状各异、大小不同的荧光水母犹如一个个梦幻精灵，星星点点地散落在黑暗的海洋里，忽明忽暗，飘忽不定，奇妙而美丽！

突然，一束耀眼的强光犹如闪电般射向我们！我们循着光望去，只见远处有个神秘的不明漂浮物！它正持续发射具有穿透力的五彩电流！

此刻，海狸突然出现在我们面前，提醒我们赶快离开。

那是什么？水怪吗？

什么？那道闪电是水母发射的？

前方发现报警水母！危险随时可能到来，必须尽快离开这片海域！

水母会吃掉我们吗？

我们的潜水飞碟飞速旋转起来，掀起的茧形水柱将我们包围了起来！一阵阵眩晕感来袭，我们紧张地闭上眼睛，心里也卷起滚滚巨浪。

为了不被海洋巨兽吃到肚子里，海狸建议把我们一起变小。安娜开始调节控制面板上的黄色旋钮，只见屏幕上显示的百分数持续变化：100%、99%、98%……7%、6%、5%，数字最终定格在"5%"！我吃惊地发现刚才窗外那条方头方脑的小鱼，竟然大了好多倍！

突然，我们的正前方出现一头庞然大物，它拥有巨大的头颅，长有弯刀般锋利的尖齿。它离我们越来越近了！大家紧张地屏住呼吸！

奇虾：寒武纪的顶级掠食者

这是寒武纪的奇虾——史前十大海洋巨兽之一！寒武纪时的海洋中，生命世界刚刚迎来多细胞动物大爆发，种种怪异的史前生物看上去就像是外星来客。这其中的奇虾身长可以超过 2 米，在其他动物都还只有几厘米、十几厘米大的时候，它是不折不扣的巨无霸。

为了安全，我们的潜水器缩小为原来的5%了。也就是说，我们的潜水器现在看上去就像一个大海螺那么大！这样不容易引起食肉巨兽的注意！

那我们现在是不是就像一条小黄鱼那么大？

或许只有一只小虾那么大了！

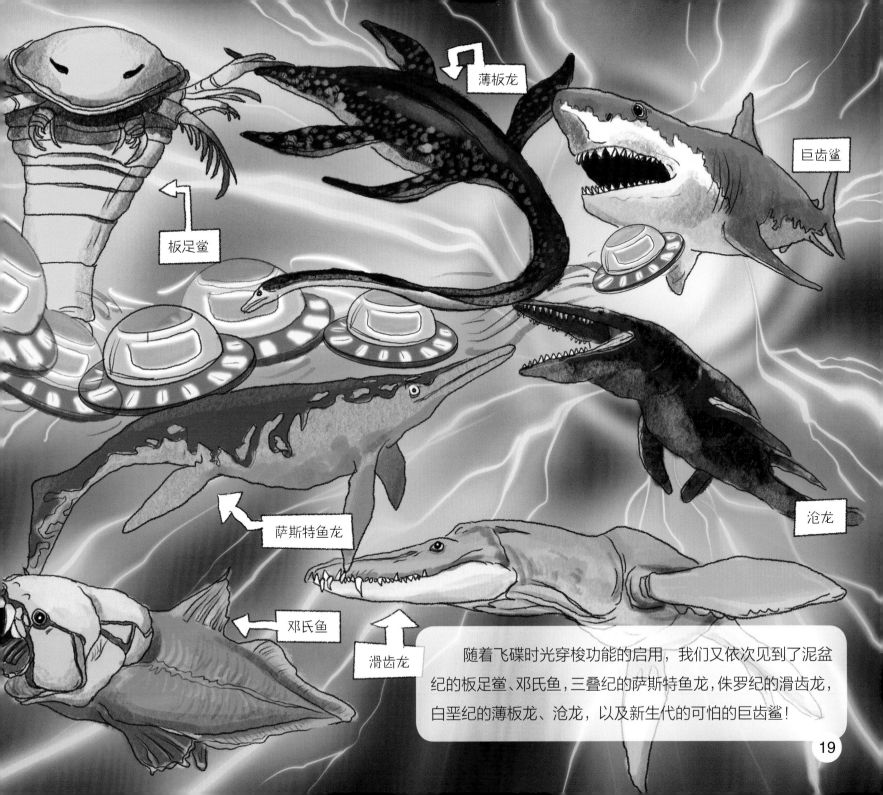

薄板龙

巨齿鲨

板足鲎

沧龙

萨斯特鱼龙

邓氏鱼

滑齿龙

随着飞碟时光穿梭功能的启用，我们又依次见到了泥盆纪的板足鲎、邓氏鱼，三叠纪的萨斯特鱼龙，侏罗纪的滑齿龙，白垩纪的薄板龙、沧龙，以及新生代的可怕的巨齿鲨！

与史前海洋巨兽的完美邂逅真是一段奇妙而惊悚的旅程！如果来一次大对决，哪头巨兽会成为霸主？

海狸带我们穿越回刚才事发的海域，已经恢复平静的海洋看不出任何异样，仿佛一切从来没有发生过。

在全球海洋监测系统的帮助下，海狸找到了影像记录——屏幕里出现的景象实在令人意想不到！

只见画面上有一头身形庞大的巨型蓝鲸——地球上现存最大的动物！

我们还没来得及高兴，就发现眼前的蓝鲸在慢慢地下坠，向海底沉去！由于它体形硕大，推开了大量的海水，所以形成了刚才涌动的水流！

一具大型鲸的尸骸能维持海洋中上百种生物数十年甚至一个世纪的生存，直到鲸骨中的有机质被消耗殆尽，剩下的骸骨在海底化作礁岩，成为生物们的居住地。这场盛大而漫长的鲸落才算画上完满的句号。

据不完全统计，仅在北太平洋的深海中，就至少有 43 个种类的 12 490 个生物体依靠鲸落为生。另外，科学家们也已经通过鲸落现象发现了 16 种全新的物种。

海狸向我们演示了一头死亡的鲸在深海中开辟一个长达百年的完整生态系统的过程。

当鲸在海洋中死去，它的尸体最终会沉入海底。生物学家称这个过程为"鲸落"。

鲸落

鲸从停止呼吸的那一刻开始，就成了鲨鱼、盲鳗以及一些甲壳类生物的美味佳肴，可供它们享用几个月到两年；尔后成千上万的甲壳类小型生物会继续啃食鲸尸上的软组织，依靠这头鲸尸它们至少可以生活两年；最后，食骨蠕虫和厌氧细菌开始分解鲸骨中丰富的脂类，这可为一些细菌提供能量来源，这一过程可能长达百年之久！

23

大家都为陨落的大蓝鲸感到难过。

环境变化和人类活动使得现存的鲸类数量急剧减少，有的鲸类正濒临灭绝。鲸落的逐渐消逝对未来海洋生态系统的影响也是科学家正在研究的重要课题。

鲸落在海洋生态系统中具有重要的意义，所以它是死亡，也是新生。

　　离目的地越来越近了，我们的潜水飞碟开始向浅海靠近。

　　这时的窗外仍然暗黑一片，我们什么也看不到。为了满足我们的好奇心，安娜将深海摄像系统拍摄到的内容投映到潜水器的窗户上！你一定想象不到那一刻出现在我们眼前的景象——在蓝色的海洋里，无数色彩各异的水母就像一顶顶晶莹透亮的圆伞，在水中自由而惬意地漂游着。

　　乐乐伸出手触碰屏幕上的水母。我想象着水母在手心里柔软丝滑的感觉。这时，安娜提醒大家，大部分水母被触碰后会释放出毒素。乐乐听了安娜的话，立刻把手缩回来，就好像刚刚被水母蜇到一样！

想和水母亲密接触一下？要知道，看似弱不禁风的水母其实是海洋中生存能力极强的食肉动物，它们出现得甚至比恐龙还早，已经有几亿年的历史了！大部分水母细长的触手上遍布着刺细胞，会将毒素注入它接触的生物体内，中毒的猎物常常很快就会死亡，从而成为水母的盘中餐。

好漂亮！

好想摸一摸它们！

出现大面积水母群落

最有代表性的就是诞生在5亿年前的鹦鹉螺和鲎，那时恐龙还没有出现，水生生物大多是以原始的姿态占据着地球。由于深海自然条件改变较小，所以直至今天，它们的习性和外形基本都没变，被科学家们称为"活化石"。

鹦鹉螺

鲎

海洋真是一个奇妙的生物王国，也是地球历史的见证者。海狸叔叔给我们介绍了好多"长生不老"的海洋生物。

荧光海滩又称"火星潮"，是由发光浮游生物随着浪花聚集在海滩上形成的。虽然它具有极高的观赏价值，但我们要警惕背后的隐患。这些发光生物被统称为"夜光藻"，尽管没有毒素，但它们会与海中其他生物争抢氧气，阻碍鱼类的正常呼吸而使其死亡。

快看！荧光海滩！

哇——太美了！

当飞碟停靠在海滩上的时候，一直闷不作声的小巴瑶抬起头四处张望起来。

安娜开启了潜水器的天窗，一股温暖湿润的海风迎面袭来！踏着柔软的细沙和海水，我们跟着安娜爬到了海滩边的一块大礁石上。

海滩上成片的幽蓝色光斑持续闪烁，远远望去，犹如蓝色星河坠落入间！皎洁的月光下，绵延的海滩星海辉映，奇幻绚丽，宛如仙境一般。

然而，这里不是小巴瑶的家乡。他有些失落地在海滩上摆弄着他的鱼叉。过了一会儿，他向我们招了招手，顺着他指的方向，我们看到不远处一只大海龟正静静地躲在一块礁石后。它在生宝宝！

我们的潜水服也在月光下发出五彩的荧光！这真是一次妙趣横生的荧光之旅！

好像星星落在沙滩上！

**图书在版编目（CIP）数据**

下潜！下潜！到海洋最深处！. 2，接近朦胧的微光带 / 崔维成主编. --上海：上海科技教育出版社，2021.7

ISBN 978-7-5428-7512-9

Ⅰ.①下… Ⅱ.①崔… Ⅲ.①深海—探险—少儿读物 Ⅳ.①P72-49

中国版本图书馆CIP数据核字(2021)第078402号

主　　编　崔维成

副 主 编　周昭英

下潜！下潜！到海洋最深处！

**接近朦胧的微光带**

故　　事　李　华

绘　　画　孙　燕　赵浩辰

责任编辑　顾巧燕

装帧设计　李梦雪

出版发行　上海科技教育出版社有限公司

　　　　　（上海市柳州路218号　邮政编码200235）

网　　址　www.sste.com　www.ewen.co

经　　销　各地新华书店

印　　刷　上海昌鑫龙印务有限公司

开　　本　889×1194　1/16

印　　张　2

版　　次　2021年7月第1版

印　　次　2021年7月第1次印刷

书　　号　ISBN 978-7-5428-7512-9/N·1122